电磁的魔力

纸上魔方　编绘

U0342821

长江出版传媒 ｜ 湖北教育出版社

前 言

为什么不倒翁永远不会跌倒？为什么我们的体重在加速下降的电梯中会变轻？世界上一共有多少种电？为什么用丝绸摩擦玻璃棒和用毛皮摩擦橡胶棒会产生不同的电荷？用植物可以发电吗？为什么我们能听到声音？声音的传播又有什么规律？

仔细留意一下我们身边的事物，就会发现在我们的世界中，存在着许多有趣的现象，而这些奇妙有趣的现象背后隐藏着许多科学原理。

科学距离我们并不遥远，它除了存在于实验室里和教科书中，还藏在日常生活的细节之中。这套《科学令人如此开怀》丛书，正是要带你玩转锅碗瓢盆、铅笔橡皮、水果蔬菜，以及水和空气。通过趣味游戏和简单的科学小实验，我们可以发现科学的乐趣，缩短与科学之间的距离。让我们一边动手，一边动脑来解开这些奇妙有趣的问题吧！

其实科学一点也不枯燥，它就如同一个修建在山谷中的巨大乐园，只要我们能够走到它的身边，就会被它深深吸引。还等什么呢？翻开这套《科学令人如此开怀》丛书，按照书中的提示，找来实验材料，跟着克里特和他的兔子丹尼尔一起探索吧。爱上科学，就是这样简单！

目录

会"抓"电荷的乒乓球

　　克里特和丹尼尔到体育馆打乒乓球。克里特技术不错，把丹尼尔打得落花流水。"唉，又输了，我不想玩了！"丹尼尔唉声叹气道。"别气馁，只要你勤学苦练，以后肯定可以赢我！"克里特笑嘻嘻地安慰道。

丹尼尔：好吧，那你一定要毫不保留地教我哟。

克里特：当然了，挡、抽、削、搓、拉，我统统教给你！

　　丹尼尔瞬间恢复好心情。他立刻拾起球拍，拍着乒乓球玩。

　　现在，就让乒乓球开个小差，去陪丹尼尔玩个游戏吧。

实验材料：透明胶带、乒乓球、棉线（长度不小于50厘米）、电视机、剪刀。

丹尼尔剪下一小块透明胶布，很轻松地就把乒乓球和棉线连在了一起，然后转身打开了电视机。

克里特：丹尼尔，先将棉线固定在乒乓球上，然后打开电视机。

丹尼尔：我要看《熊猫大侠》！咦，你不反对我看电视了？

克里特：其实，打开电视就是为了得到一点儿静电——说真的，乒乓球大侠的功夫也很了不得。

克里特提起棉线的一头，让乒乓球自然地垂下来，然后，让它靠近电视屏幕。这时，乒乓球竟然一下贴到了电视机屏幕上。

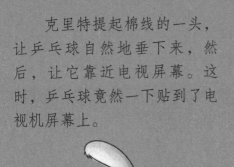

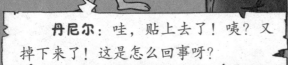

丹尼尔：哇，贴上去了！咦？又掉下来了！这是怎么回事呀？

克里特：哈哈，一开始屏幕上有静电，球上没有电，球被静电吸引，因而贴上了屏幕；当球被吸过去后，球会从屏幕上"抓"些电荷回来——听我说，不一样的电荷互相吸引，同样的电荷互相排斥。

丹尼尔：哦，我懂了，乒乓球从屏幕上"抓"来的电荷和屏幕上的电荷是一样的，所以球又被弹开了。

3

科学小·揭秘

电荷是物质的一种物理性质。习惯上，我们把带电的粒子叫电荷。电荷有正负之分，其中带正电的被称为质子，带负电的被称为电子。同种电荷互相排斥，异种电荷互相吸引。在通常情况下，我们很难察觉到电荷的存在，这是因为物体内部的质子与电子数量相差不多，彼此抵消了。

抵抗小·小"发电站"！

冰箱、电视、微波炉……所有的家用电器在运转过程中都会变成一座释放静电的小电站。事实上，若是静电过多，我们的正常生活就会受到干扰，尤其在气候干燥的秋冬季节里，我们时常会被电得又麻又痛。那该怎么办呢？你可以用湿毛巾擦擦脸，可以到室外走一走，也可以用手触摸墙壁，把多余的静电导走。

胡椒粉飞起来了

饿得两眼昏花的丹尼尔溜进厨房找吃的，他终于找到了一瓶"芝麻糊"。没想到，丹尼尔刚打开瓶盖，一股辣味就直冲鼻子，差点把他给熏晕了。"不好，是毒气，救命啊！"丹尼尔着急地大喊。"怎么了？阿——阿嚏！"克里特打着喷嚏走了进来。

丹尼尔：原来，这是胡椒粉。没想到，这玩意这么辣，我都没碰到它就流眼泪了。

克里特："挥发油爱冲动，又香又辣飞出来"，许多辛香味浓郁的植物内部都含有不稳定的挥发性物质，那玩意最爱随风跑了。

挥发油是一类物质的总称，它们的味道有点刺激，具有提神醒脑的神奇功效。好了，现在要去玩个超高难度的游戏了。

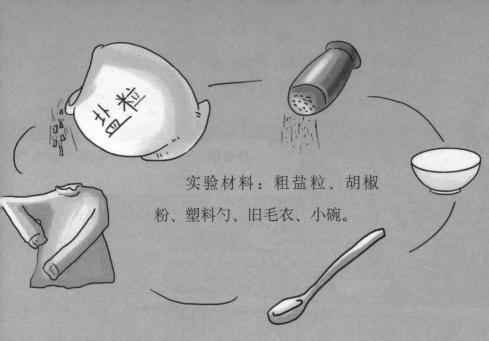

实验材料：粗盐粒、胡椒粉、塑料勺、旧毛衣、小碗。

丹尼尔：快看，粗盐粒和胡椒粉已经被搅拌在一起了。

克里特：干得不错！现在，塑料勺想要在旧毛衣上蹭痒痒，你愿意帮帮它吗？

丹尼尔不知道这样做有什么意义，但他还是很高兴地拿起塑料勺在旧毛衣上蹭着。这时，克里特把装着盐和胡椒粉的小碗端了过来。

克里特：来吧，在碗口晃一晃你的小"魔勺"吧，看接下来会发生什么有趣的事情。

丹尼尔把刚蹭过旧毛衣的塑料勺子靠近盐和胡椒粉的混合物，奇迹果然出现了。

丹尼尔：哇，胡椒粉居然飞起来了！这太不可思议了！

克里特：哈哈，摩擦生静电。静电虽然有点力气，但是力气并不大。

丹尼尔：我明白了，因为静电力气小，所以它只能抓起轻飘飘的胡椒粉。

科学小·揭秘

　　静电平时是个很安静的家伙，但是，蕴藏静电的物体一旦与其他物体发生接触，静电就会热情高涨，乘着"空气车"到处跑。假如你恰巧被奔跑的电荷撞到，那你就"触电"了。不过，湿润的环境会降低遭遇静电的风险，这是因为水分会让带电粒子转化为不带电的状态。

"碰瓷儿"的空气

　　空气会与附近的一切物体发生摩擦，只不过力度不是很大。但是飞机起落和飞行的时候，会与空气发生剧烈的摩擦，由此产生的静电足以把人电得头昏眼花。为了抗击这种危险的静电，飞机只得全副武装。它们身上的涂料用的是电阻超大的材料，身上还会配置若干可以导电的搭铁线，将静电导走。

小黄鸟爆炸了

逛公园时，丹尼尔买了一个小黄鸟气球。可是，他一不留神松了手，让气球从手里飞走了。"小黄鸟，等等我呀！"丹尼尔一边追一边喊。但是不听话的"小黄鸟"还是越飞越高。过了一会儿，可怕的事情发生了，"小黄鸟"竟然砰的一声爆炸了。"谢天谢地！"克里特没头没脑地嘀咕道。

丹尼尔：为什么我的"小黄鸟"炸开了花，你却一副幸灾乐祸的样子？

克里特：肚子里装了易燃易爆的氢气，"小黄鸟"在这大热天肯定容易爆炸——其实，我也替它难过，但是炸在天上总比炸在手里好。

五颜六色的氢气球真是人见人爱，不过，它们爆炸伤人的事件也屡有发生。而氦气球就好多了，基本上没有爆炸的风险。现在，丹尼尔要去玩玩一肚子空气的胖气球了。

实验材料：两只气球、细绳、化纤毛巾、白纸。

克里特：哈哈，气球变成大苹果了。

丹尼尔：呼呼呼呼，把瘪气球吹成胖苹果，可把我累坏了。快，把它的"嘴"封住吧！

克里特：没问题，用细绳拴住它就搞定了。接下来，你愿意给气球擦擦汗吗？

虽然丹尼尔知道气球根本没出汗，但他还是配合地拿起气球，在毛巾上来回蹭。他小心翼翼的，生怕把气球蹭破了。

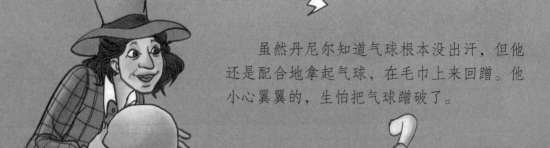

克里特：太棒了！接下来，让两个气球来一次对对碰吧！

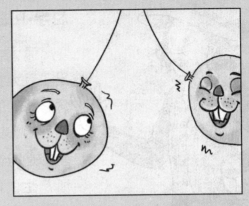

丹尼尔用一只手提起细绳的中央，打算让气球们脸贴脸来个亲密接触。没想到，它们却彼此躲开了。

克里特：我有办法。看，把一张白纸夹在两只气球的中间，它们就可以贴在一起了。两只气球在同一条毛巾上蹭啊蹭，就产生了静电，而静电吸白纸简直就是小菜一碟。

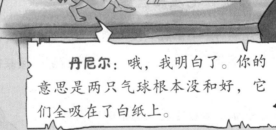

丹尼尔：哦，我明白了。你的意思是两只气球根本没和好，它们全吸在了白纸上。

13

科学·小·揭秘

意大利物理学家伏特曾经为电学研究做出了巨大贡献，后人为了表达对他的敬意和纪念，将他的名字伏特作为电压单位使用，英文符号用V表示。所谓电压，也称电势差或电位差，是衡量单位电荷在静电场中由于电势不同所产生的能量差的物理量。行业规定：人体安全电压为不高于36V，持续接触安全电压为24V，安全电流为10mA。虽然电给人们的生产和生活带来很大的便利，但电击也会给人的生命带来致命的危险。

毛发和丝绸的魔法

用两根塑料棒，分别在头发上蹭一蹭，你会发现这两根塑料棒再也不肯亲近了，因为它们和头发摩擦的时候获得了同种电荷。

如果你把玻璃棒在丝帕上蹭个够，再用它跟在头发上蹭过的塑料棒接近，你会发现，它们竟然互相吸引，这说明它们获得了不同的电荷。

跟着尺子跑的烟

"哇,那是云朵,对不对?看,我找到了云朵的家!"丹尼尔指着远处几个奇怪的大烟囱兴奋地喊道。"哈哈,那可不是云朵的家,那是一座火力发电厂,它上面飘浮着的也不是云朵,不过,聚在烟囱口的烟雾看起来确实有点像云朵。"克里特解释道。

丹尼尔:唉,真失望!那你知道那些烟雾到底是从哪儿来的吗?

克里特:其实,这些烟雾云朵的真实身份是火力发电厂煤炭燃烧不完全所释放出来的产物。

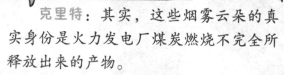
下面我们来做一个有关烟雾的小实验。

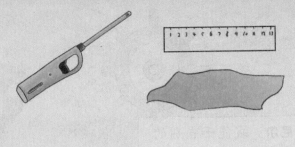

实验材料：塑料尺子、尼龙布、点火器、较粗的卫生香、橡皮泥。

克里特：看，卫生香一点，烟就升起来了。接下来，能用你的橡皮泥做个香座出来吗？

这点小事儿难不住巧手的丹尼尔，他很快捏了个圆锥形的东西，让克里特把点燃的卫生香插了上去。

克里特：太棒了！现在，拿起塑料尺子把它在尼龙布上使劲摩擦吧！

丹尼尔可真卖力。大约两分钟之后，他就擦累了。

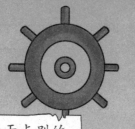

丹尼尔：我能干点别的活吗，克里特？

克里特：当然可以，赶快把你的尺子凑到烟旁边去吧。

卫生香冒出的烟原本弯弯曲曲向上升，没想到尺子靠近后，烟立刻就凑了过来。

丹尼尔：哇，尺子去哪儿烟就去哪儿！怎么会这样呢？

克里特：事实上，那缕烟当中藏着许多看不见的小颗粒，它们被热气推着向上飞，但是，带静电的尺子具有更强劲的吸附力，于是，就把烟吸了过来。

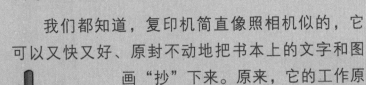

科学小·揭秘

我们都知道，复印机简直像照相机似的，它可以又快又好、原封不动地把书本上的文字和图画"抄"下来。原来，它的工作原理也与静电有关。以激光打印机为例，机器一启动，硒鼓产生静电把墨粉粘上来，通过内部光线的调整，没有字迹的地方是不会产生静电的。然后硒鼓开始滚动，滚过的纸张上就粘上了黑色的墨粉。

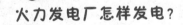

火力发电厂怎样发电？

如果你看到过火力发电厂，就会发现厂里烟囱挨着烟囱，烟囱们没完没了地冒着烟。没办法，想要发电就得先烧开水，然后利用蒸汽产生的强大动力带动涡轮旋转。简单地说，每个涡轮都有一条轴，轴的一头连着一块超大型磁铁，涡轮带着磁铁转，电流就这样产生了。

19

不肯靠近的爽身粉

"我不在家的这几天，你是不是都在看电视啊？"克里特问。

"咦？你怎么知道的？"丹尼尔感到很奇怪。"哈哈，我一看电视机屏幕上有一层灰，就知道了。"克里特说。

> 克里特：你要知道，每次我们开关电视机的时候，它的屏幕上都会留有静电，从而会吸附室内的一些灰尘。

> 丹尼尔：噢，原来是这样。

下面我们去做一个相关的小实验。

实验材料：电视机、爽身粉、面巾纸。

丹尼尔：你看，电视机屏幕已经很干净了是不是？

克里特：丹尼尔，你简直是个清洁小能手，为了奖励你，允许你先看十分钟动画片。

丹尼尔刚刚用面巾纸擦过电视机屏幕，克里特就打开了电视机。不过，十分钟之后，克里特就关掉了电视机。

克里特：来吧，丹尼尔，请举起一根手指头，在干净的电视机屏幕上画个圈好吗？

丹尼尔：看，我没猜错，在一尘不染的电视机屏幕上画个圈，根本就看不出来。

克里特：只需要一点爽身粉，那个圈圈就会现身了。

克里特用右手食指蘸了少量爽身粉，然后，在电视机屏幕跟前丹尼尔画过圈的地方晃动食指，爽身粉居然纷纷飞向屏幕。

丹尼尔：咦，为什么那个圆圈上没有爽身粉呢？

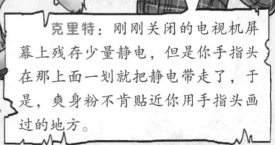

克里特：刚刚关闭的电视机屏幕上残存少量静电，但是你手指头在那上面一划就把静电带走了，于是，爽身粉不肯贴近你用手指头画过的地方。

科学·小揭秘

通常情况下，人体只会不断积累静电，却无法将它化有为无。其实，静电也没打算在我们身上长久地驻扎，所以一旦遇到小摩擦或者遇到小导体，它们就会奋力往外冲，而人体却由此产生了触电的感觉。因此，被静电电一下还是挺疼的。

防尘服要防谁？

修理精密仪器的工作人员需要穿防静电型防尘服，因为这种衣物不怎么吸附灰尘，还能隔绝静电。可别小看静电，如果仪器被它击中了，会受到损坏。

会跳舞的 "小·纸人"

　　哈哈，趴在地毯上蹭肚皮，这是丹尼尔最爱做的事情了。"不好，是谁咬了我一口？"丹尼尔左看右看，但是什么也没发现。"天干物燥真要命，今天频繁被静电击中。"克里特这时候走过来了，嘴里念叨着莫名其妙的话。

丹尼尔：救命啊，好像有八只蚂蚁在咬我的肚皮！

克里特：其实，你是被摩擦产生的静电给电到了。如果你再这么蹭下去，它们一定会没完没了地咬你。

好吧，现在就去玩个发电的游戏。

实验材料：塑料梳子、剪
刀、固体胶、小铁盒、白纸。

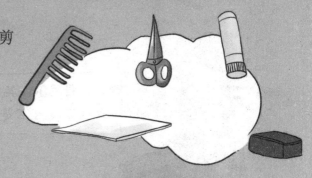

丹尼尔正在做手工，他
用小剪刀剪了一个纸人。

丹尼尔：长胳膊长腿大脑袋，
你看这个是不是很像你？

克里特：哈哈，它哪有我
帅呀。你还是先把它的双脚粘
在小铁盒上吧。

纸人粘好了，但是那家
伙有气无力地向一边倒着。

克里特：干得好！现在我要给自
己梳梳头发。然后，请纸人跳支舞。

丹尼尔：其实，你的头发不乱呀，这么臭美可不是你的风格呀。

克里特：哈哈，我只是想让塑料梳子和头发发生摩擦，让梳子带上电。瞧好了，接下来，我要让小纸人跳舞了哟。

克里特把塑料梳子从小纸人身边掠过，纸人儿竟然摇摇晃晃地扭动起来。

丹尼尔：行了，我明白了，一定是梳子上的电荷搞得它手舞足蹈的！

科学小·揭秘

　　活跃的电荷引起的电流会给我们的生活制造一些小混乱，但是它们也有好处。我们知道，如今许多电器开关不再采用凸起的按钮，取而代之的是平整的触控型控制面板，这其实利用的就是弱小电流的作用。当我们的手指触摸到平整的触控型控制面板时，来自人体内的微弱的电流就会发生传导，从而令电路接通。

要命的风筝

　　很久以前，人们认为打雷和闪电是发怒的神仙在吼叫，但是美国大科学家本杰明·富兰克林可不这样认为，他特意赶在雷雨天出去放风筝，还在风筝上系了一条金属导线，结果，他用这种方法成功收集到了雷电，后来又发明了造福人类的避雷针。

熊猫大侠怕闪电

窗外乌云翻滚，电闪雷鸣，这可吓坏了丹尼尔，他藏到桌子底下不敢出来。"主人，能打开电视机吗？我想趴在这里看《熊猫大侠》！"丹尼尔大喊道。"这可不行，因为熊猫大侠怕闪电。"克里特蹲下来笑眯眯地说。

丹尼尔：怎么可能呢？熊猫大侠这么厉害，怎么会怕闪电？

克里特：哈哈，不是熊猫大侠害怕，而是电视机害怕闪电。房屋不是躲避雷电的保险箱，电视机、电脑，还有热水器等，依然会引电入室。

天哪，太可怕了！丹尼尔不敢看电视了，打算乖乖地待在桌边，陪克里特研究闪电的秘密。

实验材料：塑料泡沫（包装箱填充物即可）、一根长约5厘米的铁钉、棉布手套、化纤毛巾。

克里特：把泡沫在毛巾上使劲摩擦，你看，有静电了，接下来，把手套递给我吧。

克里特一只手戴上手套，然后用戴手套的手拿着钉子，丹尼尔在一旁专心致志地看着。

丹尼尔：哎哟，这厚手套让你的手看起来好笨拙，干吗要把自己打扮成这样呢？

克里特：闪电要来了，手套可以防止我被电到。现在，关门关窗拉窗帘，让这间屋子变得越黑越好。

一下子，整个屋子黑了下来。克里特将钉子的尖头慢慢靠近塑料泡沫。

丹尼尔：哇，火花！我看到了火花，这是怎么回事？

克里特：哈哈，钉子靠近带静电的泡沫，泡沫上的一部分电荷就会跑到钉子上。这种电荷从一个物体转移到另一个物体的事经常发生，当转移通道太狭窄时，就会迸出小火花。

丹尼尔：哦，因为钉子尖太小了，一堆电荷像过独木桥一样，争先恐后的，所以打起来了，对吧？

科学小·揭秘

任何物体都可以储备一定量的电，但是又不能无限制地蓄电，天空中的云朵也一样。当云蓄电过多时，它一定会想个办法把电放出来，这样就形成了闪电。如果放电量过大，还会产生巨响，这就形成了雷声。被放出的电容易击中地面上高大的建筑物，比如铁塔和高楼。幸好人类发明了避雷针，将雷电导入地下，这才使得高层建筑免受灭顶之灾。

怎么导走冰箱运行时产生的静电？

家用电器工作的时候也会不断产生静电，因此，它们会时不时地放电。对于那些穿着"金属铠甲"的大个子，如冰箱、洗衣机，把它们直接摆放在地面上就可以实现放电。另外，家里使用的三相插座也接通了地线，可以把电器产生的静电导走。

西红柿能发电

今天是个收获的日子，克里特带着丹尼尔来到小菜园，摘了很多西红柿。"我想吃一个，可以吗？"丹尼尔望着红彤彤的西红柿口水都快流下来了。"当然可以。给，生西红柿简直是个维生素C的小仓库。多吃维生素C，你会变得更漂亮！"克里特选了一个大西红柿递给了丹尼尔。

丹尼尔：难道煮熟了的西红柿就不含维生素C了吗？

克里特：哈哈，还真是的。维生素C在高温下容易被破坏掉。不过，炒熟的西红柿中的营养更容易被吸收。

听说克里特有个带电的西红柿，丹尼尔必须要去见识一下了。

实验材料：西红柿、铁勺子、铜钥匙、双面锡纸、双面胶、剪刀、小灯泡。

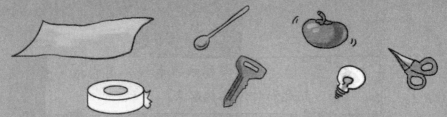

克里特：对不起了，西红柿先生，我得把你捏得比煮熟的时候还要软一点。丹尼尔，你知道勺子和钥匙在哪里吗？

丹尼尔：来了，我们来了，说说你想干什么。

克里特：听我的指挥，将勺子、铜钥匙插进西红柿，两者相距3厘米左右。

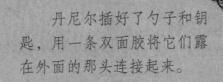

丹尼尔插好了勺子和钥匙，用一条双面胶将它们露在外面的那头连接起来。

克里特：剪两条锡纸当电线，用它把勺子、钥匙和灯泡连接起来。

锡纸和胶布全都有，克里特的要求并不算高。丹尼尔盯着这个奇怪的西红柿看了很久，大约两小时之后，小灯泡竟然被点亮了。

丹尼尔：怎么回事，灯泡怎么会亮呢？

克里特：铁是活泼金属，容易失去电子，可以作电池负极；铜是不活泼金属，可作电池正极；番茄汁呈酸性，其中的氢离子容易得到电子形成氢气，所以番茄汁可以作电解质。这样，铜和铁加上番茄，就构成了原电池，所以灯泡亮了。

丹尼尔：哦，可是，你一开始的时候怎么那么用力地捏西红柿呢？

克里特：捏它是为了让它析出更多液体，确保电流传导更通畅。

科学小·揭秘

自然界的一切生物体都能产生电，这种由生物体产生的电就叫生物电。生物电是生命活动过程中的一类物理–化学变化，是正常生命活动的表现。日常我们所知道的心电、脑电等，都属于生物电。

如何远离"电老虎"？

电给我们的生活带来了便利，也会给我们带来意想不到的伤害。为避免被"电老虎"伤到，我们平时行事应小心谨慎。走在路上，遇到电线杆一定要绕行，尤其在雷雨天气里；尽量不要用湿手去按电器的开关按钮；用电热水器洗澡、洗手的时候，应预先烧好热水，洗澡时断开电源，避免其带电作业。

插线板冒火花了

　　今天是劳动节，丹尼尔答应克里特，他负责用吸尘器将家里的尘土吸干净。但是这个工作太无聊了，所以他想一边打扫卫生一边看电视。于是，他去插电视机的插头，不过，平时插电视机的插线板上已经插着吸尘器、台灯等好几台电器的插头，如今只剩下一个空位置了。

丹尼尔：啊，冒火了，救命啊！

　　丹尼尔刚把电视机插头插下去，接线板就开始吱吱叫唤，同时迸出闪亮的小火花，幸好克里特及时赶来切断了电源。

克里特：接线板超负荷用电易酿大祸！丹尼尔，你要记住，任何插线板承受电流的能力都是有限的，太多电器同时使用插线板会让它发烫甚至起火。

实验材料：双面锡纸、剪刀、玻璃杯、纯净水、食盐、筷子、小灯泡、双面胶、废铜钥匙、新铁钉（一般表面都镀有锌，可做锌棒用）。

丹尼尔：剪两条锡纸，把它们搓成绳，每根锡纸绳差不多有20厘米长。

克里特：接下来，麻烦你把两根锡纸绳分别接到小灯泡的两端，两根锡纸绳的另一端分别接上铁钉和铜钥匙，好吗？

丹尼尔拿起小灯泡，按克里特所说的把它们接好。

克里特：好了，这里有大半杯纯净水，我要把拴着铁钉和铜钥匙的两端都放进水杯里。

丹尼尔：哎哟，你不会是想让灯泡发亮吧？

克里特：哦，忘记往水里加点盐了。

丹尼尔往纯净水里加了三大勺盐，然后用筷子搅动水，直到盐粒完全融化。不一会儿，小灯泡竟然发出了微弱的光亮。

丹尼尔：天哪，灯亮了，这怎么可能啊？

克里特：哈哈，在盐溶液中，不同的电极物质的原子吸引电子的能力不同，所产生的电压也不同，于是就产生了电流。

科学小·揭秘

电流产生的条件：1.必须具有能够自由移动的电荷（金属中只有负电荷移动，电解液中为正负离子同时移动）。2.导体两端存在电势差。3.电路为通路。

电流的绊脚石

并非所有物体都能导电。那些自身具有阻碍电流通过的功能的物体，被我们叫作绝缘体，而那些放任电流出入的物体则被叫作导体。铜、银、铝等金属材料都是导体；而陶瓷、玻璃、橡胶、塑料等材质则属于绝缘体。你见过电工叔叔戴的绝缘手套吗？对了，那玩意就是橡胶做的，电流遇见它就无路可走了。

串联和并联

　　今天，丹尼尔得到了一辆很酷的玩具电动车。只要按一下遥控器，玩具车就能跑起来，真是太棒了。可是，当丹尼尔不小心操控着玩具车开到沙发底下时，遥控器的电池居然没电了，丹尼尔着急得不知如何是好。这时候，克里特拿着手电筒走了过来，很快就照到了躺在黑暗角落里的玩具车。丹尼尔正想借着手电筒的光去取车，结果手电筒也没电了。

克里特：别急，只要换上新电池，它们就会精神焕发。

丹尼尔：咦，手电筒里的电池连着放，玩具车里的电池并排放，这是怎么回事？

克里特：手电筒电池采用串联的方法头尾相接，可以增强灯泡的亮度；玩具车里的电池并排放，可以增强电池的耐力。来，让我带你去体验一下。

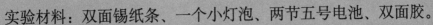

实验材料：双面锡纸条、一个小灯泡、两节五号电池、双面胶。

克里特：将锡纸条搓成细"电线"，然后用"电线"把小灯泡和电池连接起来，并用双面胶带把每个接触点固定好。

丹尼尔：你看这样行吗？

克里特：行，很好，把最后的一个接点连上吧，观察一下灯的亮度。

丹尼尔：哇，好亮啊！

克里特：哈哈，刚才你用的是串联的方法。现在，我们用并联的方法再试一试。

克里特把两节电池并排放好，然后用锡纸条把它们和小灯泡连接起来。这时小灯泡也亮了起来。

丹尼尔：想不到这样也行啊。小灯泡亮了，不过好像没有先前亮了，为什么？

克里特：当我们把两节电池串联时，电路中的电压是这两节电池两端的电压的和。电压高了，小灯泡自然就要更亮一些。

科学小·揭秘

把用电器元件逐个顺次连接起来的方法叫串联。串联电路中的各用电器相互影响。把用电器各元件并列连接起来的方法叫并联。并联电路中的各用电器相互之间是独立的。

静电的电压

在我们的生活中处处存在着静电。比如，在冬天，我们去抓门把手时，有时会有一种被电着的感觉；冬天晚上睡觉前，脱毛衣时，会听到滋滋啦啦的声音，如果当时光线暗，还可以看到毛衣上冒出的火花。你知道吗？这些静电的电压是很高的，能达到几千甚至上万伏，是不是很惊人？不过你也不必过于担心，因为静电产生的电流很小，所以它基本上不会对我们造成大的伤害。

小小银鱼跃龙门

　　丹尼尔每次拉开冰箱的门都会犹豫好半天，不知道到底先吃哪种冰棍好。"算了，懒得想，不如每样来一根尝尝吧。"丹尼尔说着就动手了。"请问，你手里的那根绿豆冰棍是给我的吗？"克里特这时候从背后伸出了大手，直接将那根绿豆冰棍抢走了，然后轻轻一碰，冰箱门就关上了。

丹尼尔：轻轻一碰就关了门，这个冰箱简直和你一样吝啬。

克里特：哈哈，这是一种磁铁门，密封性特别好。大家都知道，一旦外面的热空气溜进冰箱里，冰箱就需要消耗电能来制冷。用这种门，有利于省电呢。

　　原来，良好的密封性可以让冰箱里的凉气不外泄，从而达到省电的目的。不过，丹尼尔还是头一回听说冰箱门上装着磁铁。好吧，现在去玩个磁铁钓鱼的游戏。

实验材料：小棍、剪刀、曲别针、一小
盆水、锡纸、细绳、马蹄磁铁。

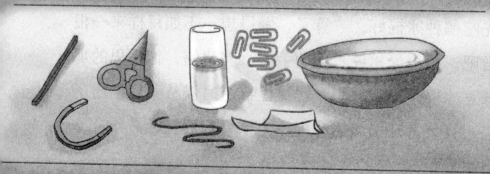

丹尼尔：好多银色的"小鱼"
呀，看来你的动手能力又进步了！

克里特用剪刀剪成了
几条锡纸"小鱼"，每条
鱼的鱼身大约三厘米长。

克里特：哈哈，谢谢你的夸奖，能
帮忙把曲别针固定在"小鱼"身上吗？

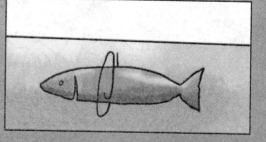

丹尼尔给每条
锡纸"小鱼"别上了
一个曲别针，然后让
它们集体下水。这时
候，"小鱼"都沉底
了。

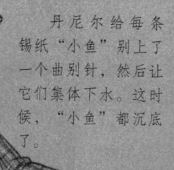

克里特：曲别针太沉重，"小鱼"只能沉在水底了。看我的，只要我一声召唤，水下的"小鱼"统统都会游上来。

克里特把细绳拴在磁铁的中间，然后提起细绳，把磁铁垂到水面附近。

丹尼尔：哇，鲤鱼跃龙门，水底的"小鱼"真的跳起来了。为什么会这样？

克里特：哈哈，磁铁是冲着曲别针去的。磁铁发散出来的磁感线不仅能够穿透空气，还可以在水中传播一段距离。

丹尼尔：哦，我明白了，磁铁把"小鱼"给吸上来了。

科学小·揭秘

你见过刷上漆的磁铁吗？对，靠近N极那一半被涂成蓝色，靠近S极那一半被涂成红色。其实给磁铁刷漆也是无奈之举，因为这家伙的身体里含有铁元素，极易生锈。

软磁体和硬磁体

简单地说，硬磁体的磁性能够长久稳定地存在，而不会轻易被消磁，天然磁铁就是一种硬磁体，又叫永磁体。有硬磁体就有软磁体，电磁铁就是软磁体，它们的磁性不是自带的，需要借助电流才能产生。

贪财的磁铁

丹尼尔正在算算术，一边算一边在他的学习板上作记录。"不好，写满了，找块抹布擦一擦吧。"丹尼尔找来一块湿抹布，想把板面上的字迹擦掉，可是怎么擦都擦不干净。"糟糕，问题应该出在这根笔上，它应该是支顽固的油性笔！"克里特这时凑过来说。

$$10+2=12$$

$$15+7=22 \qquad 8+9=17$$

丹尼尔：油性笔？什么意思？什么笔才不顽固呢？

克里特：听我说，能在学习板上写字的记号笔有油性和水性之分，它们的主要差别在于其中填充了不同性质的墨水。

圆珠笔其实就是一种油性笔，它肚里的墨水渗透性极好，所以留下的字迹超难去除。好了，这就去研究一下油墨吧。

实验材料：崭新的纸币、马蹄磁铁、筷子、夹子。

丹尼尔：哇，崭新的十块钱，是给我的吗？

克里特：陪我做完实验就给你。现在，你愿意帮我把纸币对折一下吗？

丹尼尔将纸币折成近似方块的样子。然后，克里特把筷子夹在了夹子中，做成一个简易的支架。

克里特：筷子想要闻闻钱的味道，你的十块钱能借它顶一会儿吗？

丹尼尔不情愿地把对折后的十块钱放在了筷子尖上，然后拿起磁铁缓慢地向十块钱靠近。

丹尼尔：天哪，钱在动！是你在吹气吗？

克里特：当然不是。那是因为磁铁想要"霸占"这十块钱呢。崭新的纸币上附着不少印刷时留下的油墨，而油墨中含有少量的铁元素。

丹尼尔：哦，我明白了，磁铁吸引的是铁元素，它根本不知道钱是什么东西。

科学小·揭秘

一个磁铁有两极，N极是北极，S极是南极。当一个条形磁铁悬空静止的时候，N极指向北方，S极指向南方。假如一块磁铁不幸粉身碎骨了，那么，它每个细碎的小个体仍旧具有指示南北两极的特性。

磁铁真的只爱铁？

磁铁除了对铁具有吸引力，对钴、镍等金属同样具有吸引力。天然磁矿出产的磁铁的主要成分是四氧化三铁，除此之外，通过人工手段也可以造出磁铁，比如，铁与铝、镍、钴等金属搭档，或者与铜、铌、钽搭档，或者与钕、铁、硼搭档，最终都能制成有磁力的合成金属，其中钕铁硼磁铁磁性超强。

南极和北极

丹尼尔正在玩地球仪，他玩着玩着觉得有点不对劲："咦，这个球为什么要歪着头呢？""地球绕着地轴自转，地轴是倾斜的，所以地球也是倾斜着的。"克里特闻声回答道。

丹尼尔：地轴？你说的就是穿透地球仪的这根棍，是不是？

克里特：哈哈！棍！你说得真不专业。其实地轴指的就是地球的自转轴，轴的两端指向的就是地球的南极和北极。来，让我带你认识地球的南极和北极。

实验材料：马蹄磁铁、曲别针。

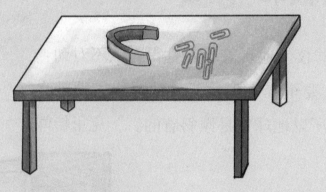

现在，一块马蹄磁铁正横放在桌边，它一半的身体悬空着。丹尼尔小心翼翼地往磁铁身上粘了两个曲别针。

克里特：一个粘在"马蹄"的顶上，另一个粘在它的脚上！

丹尼尔：好吧，可是这用来干吗？

克里特：我再多粘点曲别针，让它们头与尾相连，看，很像两条辫子，对不对？

这时候，丹尼尔发现，两条辫子竟然不一样长。

丹尼尔：顶上这条辫子好短哪，为什么会这样呢？

克里特：磁铁有南极和北极之分，这两个极点周围的磁性比较强，而马蹄磁铁的南极和北极正好在它的两只脚上，能吸引更多曲别针。

顶 底
3 5

丹尼尔：好吧，我明白了，你是说马蹄磁铁脑袋顶的磁力太弱，所以吸不了太多曲别针，对吧？

科学小·揭秘

磁力指的就是磁铁与磁铁之间，或者磁铁对其他物体的吸引力。一块磁铁可以发挥作用靠的就是它的磁场。我们身边的大多数物体非得挨在一起，相互间才会产生力量。但是，非凡的磁力可以隔空召唤和排斥，以至于有些磁铁不需要靠近就能把铁片吸引过来。

走到北极去！

假如你有一个指南针，并照它的指示一直往北走，你会走到哪里呢？你会走到俄罗斯北地群岛一带。那么跟着指南针一直往南走呢？那样，你会到达澳大利亚南部，说不定会遇到正在吃草的袋鼠呢。

磁铁找不着铁了

家里新安的门铃丁零零响了起来，丹尼尔赶紧跑过去拿起听筒。"喂，是谁呀？"丹尼尔问。"小兔子乖乖，把门开开，克里特要进来。"门外的克里特回答道。这时，丹尼尔轻轻按动开门按钮，门果然打开了。

丹尼尔：开门竟然不用钥匙，这真是件不可思议的事情。

克里特：哈哈，很神奇吧？其实，门锁与门铃原本处于一个闭合电路中，当按下开门按钮，电路就会出现断点，锁上的电磁铁就会失去磁性，两扇门之间的锁便互相失去了吸引力。

有电就有磁，没电就消磁，电磁铁就是这样。好了，让我们去做个实验吧。

实验材料：玻璃杯、缝衣针、马蹄磁铁。

克里特：磁铁喜欢缝衣针。看，它俩已经粘在一起了。

丹尼尔：这很正常啊，不粘在一起才奇怪呢。

克里特：不过，玻璃杯可以让它们分离哟。快看，磁铁已经对缝衣针失去兴趣了。

克里特把玻璃杯倒扣在桌面上，把磁铁正对着玻璃杯放下，然后一手托着缝衣针，让它们隔着玻璃杯对望。但是不论如何移动缝衣针，它都不肯贴到玻璃杯上。

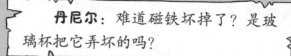

丹尼尔：难道磁铁坏掉了？是玻璃杯把它弄坏的吗？

克里特：磁铁对针失去兴趣，是因为磁铁找不到它了。磁铁发出的磁感线虽然具有一定的穿透力，但是效果会受到隔板材质与厚度的影响。

丹尼尔：可是，玻璃杯真的不算厚呀！

克里特：它的确不算厚，但是杯壁之间有空气，于是磁感线刚刚穿过第一重杯壁就已经找不到路了。

科学小·揭秘

我们都知道，家里的交通卡、银行卡都是有磁性的，它们有个记录重要信息的小磁条。如果有一块强磁铁靠近银行卡，那就糟糕了，因为磁铁会干扰磁条的磁性，从而让其中记录的信息无法被读取。如果你想保护银行卡，那就把它装进小铁盒里吧，到时候就算磁铁凑过来，它也会把全部力气用来拉拢铁盒，而不会对躲在里面的银行卡造成伤害。

充满磁性的歌声

磁带为什么可以记录声音呢？原来，那条窄窄薄薄的塑料带子上涂着一层磁性物质，而不断转圈的磁头就是个电磁铁。其实你也可以认为，每当声音经过磁头的时候就会被抓住并且粘在磁带上，从而被记录了下来。

犯糊涂的 "铁士兵"

"小白住在五栋301号，小花住在六栋502号……"丹尼尔正在写一份通信录，记下所有好朋友的地址和电话。"唉，太累了，一张纸也写不了多少条。"丹尼尔叹息道。"其实，你可以做个电子联络簿，就不会这么累了。"克里特微笑着建议道。

丹尼尔：电子联络簿？那样就可以省下我的新笔记本，对不对？

克里特：太对了，电子联络簿存在电脑硬盘里，这是一种节约纸张且效率很高的做法。

简单地说，电脑硬盘是利用磁性来记录数据的，它会把收集来的信息转换成电信号然后保存下来。可是，发热的磁头会失去磁性。这是真的吗？跟着克里特去看看吧。

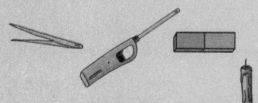

实验材料：镊子、条形磁铁、曲别针、蜡烛、点火器。

克里特点燃了蜡烛，又用镊子夹起磁铁让它经受烛火的灼烧。

丹尼尔：把磁铁当烤肉？真搞不懂你想干吗。

克里特：看了就知道了。你看，磁铁已经不认得曲别针了。

大约五分钟后，克里特吹灭了蜡烛，又用镊子夹着滚烫的磁铁去吸曲别针，但是曲别针没有任何反应。

丹尼尔：怎么会这样呢，磁铁难道被你烤糊涂了？

克里特：当然不是。其实，磁铁当中的铁原子原本就像士兵一样整齐排列着，然后一齐使劲对铁产生吸引力。

丹尼尔：你的意思是，"铁士兵"热得要命，开始乱跑了？

克里特：对！就是这样！被加热的磁铁里的铁原子的排列顺序变得混乱，磁铁的磁性也就随之消失了。

科学小·揭秘

很久以前，法国著名物理学家皮埃尔·居里首先发现了过高的温度会导致磁体的磁性消失。后来，人们就把造成磁体失去磁性的临界温度叫作居里温度或居里点。

聪明的电饭锅

饭熟了就自动断电，电饭锅真的很智能。可是，它为什么这么聪明呢？原来，锅的底座中央藏着一块磁铁。一旦锅里的水烧干了，或者食物蒸煮时间过长，达到了较高的温度，那块磁铁的磁性就会消失。这样一来，电路就断开了，锅也就不再工作了。

锡纸环飞起来了

自从上周末乘坐了一回磁悬浮小火车，丹尼尔就爱上了那飞一般的感觉。"你看，现在的火车为什么都是'尖鼻子'呢？"丹尼尔觉得奇怪。"那是因为'尖鼻子'有利于减少空气的阻力。"克里特解释道。

丹尼尔：如果我没记错，火箭也是"尖鼻子"！

克里特：是的。物体运行速度越快，空气对它的阻力就越大。

听说克里特会玩悬浮的游戏，这可真吸引人！我们也去试试吧！

实验材料：卫生纸芯筒、锡纸、剪刀、圆规、电磁炉。

克里特：拿起圆规在锡纸上画两个圆，你看，这是一对同心圆。

锡纸上的两个圆是大圆套小圆，其中小圆的直径比卫生纸芯筒的直径要大一些。

丹尼尔：说吧，你画这两个圆有什么用途？

克里特：我打算利用它们剪出一个圆环。

丹尼尔：好吧，这个我在行。看，剪好了。

克里特把锡纸环套在卫生纸芯筒上，并让芯筒站在电磁炉中央，紧接着给电磁炉通了电。

丹尼尔：真搞不懂你要做什么——天哪，那个银色的锡纸环飞起来了，到底是怎么回事？

克里特：哈哈，这说明电流送来了磁场。锡纸本来没有磁性，是通了电的电磁炉把自己的磁性传给了它。

丹尼尔：同性相斥，异性相吸，锡纸环和电磁炉的磁性完全一样，所以它们根本不可能贴到一起——我说的对吧？

科学小·揭秘

电与磁场是一对形影不离的兄弟，所以当电器开始工作时，磁场就随之形成了。我们每天都被各种大大小小的磁场包围着。长时间的电磁辐射会导致视力衰退、免疫力下降等不良后果。

近地面"飞翔"

磁悬浮列车的确有着非一般的速度，因为它摆脱了传统铁轨所产生的摩擦力的束缚。简单地说，在电磁力的作用下，磁悬浮列车的车轮与轨道之间若即若离，它们不会相隔太远也不会紧密接触。这样一来，火车就像飞行中的飞机似的高速运动着。

会排队的铁屑

挑食的丹尼尔最喜欢吃肉，对青菜却是一点兴趣都没有。这可愁坏了克里特，他经常变着花样为他准备各种蔬菜，可丹尼尔还是不肯吃。克里特为了刺激他，故意说："这不吃那不吃，你是想和纳西社区的健康宝贝说再见吗？"

克里特：荤食素食搭着吃，身体才健康。蔬菜里面含有肉类所没有的多种营养元素，能帮助我们均衡营养。

丹尼尔：是吗？它们里面有铁元素吗？要有的话，那它们不是也要被磁铁吸引了？

克里特：当然有。许多蔬菜里都含有铁元素，不过不同的蔬菜含铁量不同，有的多，有的少，但总的来说都是微量的。来，让我带你去认识一下铁元素。

实验材料：铁钉、粗
砂纸、马蹄磁铁、白纸。

克里特：铁屑真的不好找，只好打磨铁钉来
获得了。你看，我用粗砂纸磨出了一些铁屑。

丹尼尔：看到了，你打算怎
么处理它们？

克里特：得来真不易。现在，我得把它们抖搂到白
纸上。你把磁铁拿来，让它横躺在白纸上吧。

现在，磁铁已经躺在
了白纸上，克里特则把铁
屑撒到了磁铁跟前。

丹尼尔：天哪！铁屑在游动，它们排成了一条条弧形的线！这是为什么啊？

克里特：哈哈，那些铁屑组成的弧形线就是磁感线的形状呢。磁感线穿梭于磁铁两极之间，它们共同组成了充满磁性的磁场。

丹尼尔：哦，我明白了。

科学·小·揭秘

我们用肉眼看不见磁感线，但是，它们确实存在着。只要有磁铁就一定存在磁感线。它们从磁铁北极出来跑到南极去，中途绝不会出现断点，也不会纠缠在一起。事实上，一块磁铁中部的磁感线比较稀疏，而两端的磁感线比较密集，这是因为磁铁两端的磁性相对强大的缘故。

人为什么不会被磁铁吸引？

虽说磁铁爱铁如命，但是它们绝对找不到我们身体里的铁元素，因为我们身体里的铁元素含量实在太少了。

指南针失灵了

为了参加纳西社区健康宝贝的评选，克里特领着丹尼尔去逛商场买新衣服。回家的路上，丹尼尔掏出口袋里的指南针，越看越糊涂。"你确定没走错路吗？"丹尼尔问。"怎么可能？我走这条路已经几十年了。"克里特拍着胸脯回答道。

家明明在商场北面，但是指南针告诉丹尼尔，他们俩正在往南走。

丹尼尔：指南针说南你说北，我该信谁好呢？

克里特：哦，对了，你一直把指南针带在身上的，对吗？刚才走过结账通道时也带着的，对不对？

丹尼尔：当然了，它就在我口袋里睡大觉。

克里特：那一定是你的指南针失灵了。不信，我们做个小实验试试。

实验材料：两个指南针、一块马蹄磁铁、一个小铁圈（直径比指南针的略大）。

丹尼尔：指南针一端的指针指向北方，为什么不叫指北针呢？

克里特：它指针的另一端不就是指向南方吗？不过，磁铁可以让它们找不到南北的。

克里特拿起红色指南针，把它和磁铁一起握在手里足足有两分钟，然后放了回去。

丹尼尔：我没看错吧，这个红色的指南针找不着北了？

克里特：没错。其实，指南针里也有小磁铁，当磁力更强的磁铁对它进行干扰的时候，这家伙就晕头转向了。

丹尼尔：怎么办？你就这样把它弄坏了，对不对？

克里特让犯晕的指南针在铁圈内反复穿过。

克里特：看，它苏醒了！铁圈已经带走了指南针上多余的磁力，所以它想继续装糊涂都不行了。

科学小·揭秘

指南针的原理就是利用磁场。地球是个大磁体，其地磁南极在地理北极附近，地磁北极在地理南极附近。而指南针是个小磁针，依据磁体同极相斥、不同极相吸的原理，指南针因此能够指示南北。

温柔地停摆

过瘾！坐在过山车里上下翻飞的感觉实在太爽了。但是不论过山车如何疯狂，刹车的一刹那总是平和又温柔，而且没什么噪声。它为什么会"性情大变"呢？简单地说，过山车是利用磁场和电流实现刹车的，这样既适当延长了车体缓冲的时间，又极大地降低了车轮与轨道之间的无用摩擦。

葡萄宝宝插天线

丹尼尔去果园摘葡萄，却遇上了比他先到的克里特。"克里特，你也想摘葡萄榨果汁吗？"丹尼尔笑嘻嘻地问道。"当然不是，我要酿葡萄酒。"克里特回答道。

"说真的，爱喝酒可不是什么好习惯，你要爱惜自己呀，克里特。"丹尼尔劝道。

克里特：谢谢提醒！其实，葡萄酒既有营养又安神，偶尔喝一点还是不错的。

丹尼尔：那随你吧，但我不明白，为什么葡萄汁甜甜的，葡萄酒却又酸又涩呢？

克里特：这是因为葡萄酒是经过发酵制成的，这个过程中产生了一定量的酒精，所以味道就变了。

好吧，现在丹尼尔手里的葡萄多得是，刚好用它们做个新奇的小实验。

实验材料：缝衣针、一颗葡萄、马蹄磁铁。

丹尼尔：哈哈，把缝衣针插在葡萄上，是不是有点像天线宝宝呢？

插着针的葡萄被放在桌子上，克里特拿着磁铁凑了过来。

克里特：是有点像。不过，快看，"天线宝宝"被我吓跑了！

按理说磁铁吸引缝衣针时顺便可以把葡萄也拉过来，没想到克里特的磁铁刚一靠近，葡萄却躲开了。

丹尼尔：克里特，这是怎么回事呀？

克里特：其实，缝衣针从磁铁里获得了一点点磁性，但是葡萄的汁液让这种磁性发生了逆转。

丹尼尔：逆转？葡萄本该被吸过来的，却被推跑了。可是，这和葡萄汁有什么关系呢？

克里特：这个世界上存在一些"逆磁性"物质，它们能够让身边的物体获得的微弱磁性完全颠倒，水就是其中之一。所以，"天线宝宝"和磁铁发生了相互排斥的现象。

科学小揭秘

逆磁性物质也叫抗磁性物质，一旦这种物质闯进磁场的包围圈就表现得相当不合作，它想方设法要把身边的磁铁推走。金、银、铜、铅、水，还有二氧化碳，都是典型的逆磁性物质。

猜猜我是谁

很久以前，一艘载满铁器的商船出海了。当它航行到爱琴海附近的时候，一件奇怪的事情发生了。船开始不听指挥地使劲往一个小岛开过去，好像受到了某种神秘力量的召唤。后来，人们终于明白，原来那座小岛上蕴藏了大量的天然磁石，它们"看中"了船上的铁器，所以把船吸引了过去。

能量可以转换

"跳进来吧，丹尼尔，洗个澡睡个好觉，还有小船可以玩哟！"克里特端来一盆热乎乎的水，招呼丹尼尔。

"哇，一会儿凉水就变成热水了，好神奇。"丹尼尔摸摸盆里的水说道。"凉水进热水出，其实是热水器把电能转换成了热能，这就是奇妙的能量转换。"克里特笑着说道。

丹尼尔：能量转换？电能变热能？电能还能变成其他能吗？

克里特：当然。电能还可以转换成机械能、化学能等。

丹尼尔：是吗？那我们也去试试吧！

实验材料：双面锡纸、剪刀、两枚大头钉、条形磁铁、一盆水。

克里特：锡纸想要变小鱼，三剪两剪就可以。丹尼尔快看，我做好两条小鱼了。

丹尼尔：大脑袋尖尾巴，看起来还不错，它们可以下水去游泳吗？

克里特：等等，小鱼想要下水游，先得安上一道脊梁骨。

克里特拿起两枚大头钉，将钉头分别同磁铁摩擦，然后分别插在两条锡纸小鱼的嘴巴里。

过一会儿，克里特把两条小鱼放下了水。这时候丹尼尔发现，两条小鱼只要头对头就会互相躲闪。

丹尼尔：它们不喜欢对方，这是怎么回事？

克里特：两枚大头钉分别与磁铁的相同的磁极摩擦，然后它们就获得了同样的磁性。

克里特：哈哈，同性相斥异性相吸，这就是磁场中常见的现象。

科学·小·揭秘

电磁铁两端的磁极并不是一辈子不变的。我们可以通过改变电流方向轻易更改它的磁极。简单地说，电磁铁就是一块身上缠满了电线的金属芯，只要接通电源它就有了磁性。同样的金属芯，通过的电流一定时，上面缠绕的线圈越多，它的磁性也就越强。

风来也不怕

当风很大的时候，我们经常能听见哐当一声，门板撞在了门框上。不过，给门安个门吸就好了，它可以将门紧紧吸住，而不会轻易地让门被风吹动。门吸是个什么东西呢？事实上，它就是一块磁铁。再在门板上装一块金属物，它们就可以亲密接触了。

电流是什么味道

为了让大家更好地应对一些突发状况，纳西社区邀请邻居们共同举办一场生动的安全演习。丹尼尔和克里特看得很仔细。只见一位演习人员扮演触电者倒在地上，他的的身上还横着一根电线。另一位演习人员扮演施救者，只见他先关闭了电源，然后用木棍小心地挑去触电者身上的电线。

丹尼尔：克里特，那人为什么要拿木棍呢？

克里特：木棍起到绝缘作用！你救别人时，先要保护好自己，记住，一定不可以直接接触触电者的身体，假如旁边没有木棒，也可以用手套、衣物等不导电的东西移开电线。

丹尼尔：克里特，触电是一种什么感觉呢？

克里特：这个我可不知道。不过我们可以做个小实验，让你对它有个大致的了解。

实验材料：一条双面锡纸（面积约为1厘米×10厘米）、一把金属勺子。

克里特：丹尼尔，将锡纸搓成细"电线"，然后，你把勺子放进嘴里。

丹尼尔：你想干吗？难道勺子上粘着我最爱吃的蜂蜜吗？

克里特：当然不是。我是想让你尝尝电流的味道。现在，你把锡纸"电线"也放进嘴里吧。

丹尼尔接过锡纸"电线"，并把它的一头也含在嘴里。现在，丹尼尔嘴里真热闹，除了锡纸"电线"，还有勺子。

丹尼尔：哎哟，不甜不酸也不辣，这就是你说的电流的味道吗？

克里特：哈哈，电流还没到呢，锡纸"电线"的尾巴都还没接上勺子把呢。

丹尼尔：好吧，我用手把它俩按到一起好了。啊，为什么我的舌尖麻麻的？

麻麻的是因为舌头上的小味蕾被电流击中了。通常情况下，勺子和锡纸里的电子都不太活跃，但是唾液是可以导电的，所以当它们通过你的口水连成闭合电路时，就构成了原电池，并产生电流了。

科学小·揭秘

物质中的电子性情各有不同，有的安静，有的活泼，我们把那些活跃分子叫作自由电子。某种物质所含的自由电子越多，它的导电性就越好，导热性也不赖。大多数非金属物质不善于导电，但是石墨例外，这种非金属矿物导热又导电。

人人都是良导体？

我们知道人会触电，这主要是因为我们身体里的水分含量太高了，而且藏着钠、钾等金属元素。如此一来，只要有电流经过人体，血液、唾液当中那些能导电的金属粒子就会往一个方向跑。但是只要电流强度不是很大，而且你的双脚分别踩着地没有挨到一起，闭合电路就不会形成，电流就无法在我们的身体里流窜，我们也就不会被伤害。

挑剔的机器不要铁

社区新装了一台废品回收机，这台回收机能够吞掉易拉罐，然后吐出钱币，丹尼尔爱死它了。丹尼尔刚刚从路边捡到一个铁罐子，打算投进回收机换点零花钱，谁知机器竟然把铁罐子吐了出来。"只要是铁的全不要，这是一台挑剔的机器。"克里特走过来说道。

丹尼尔：它怎么能认出这个小罐子是铁做的呢？

克里特：当然是靠磁铁来识别啦。

回收来的易拉罐用处大着呢，它们被熔化后可以制成汽车、飞机的零部件，以及家用电器的外壳，相比之下，铁就担当不了如此重任了。好了，去研究一下自动售货机是怎么干活的。

实验材料：长条形硬纸板、一本
书、硬币、圆形铁片、条形磁铁。

克里特：纸板一块，书一本。来吧，丹尼尔，你能用它们搭造一架小滑梯吗？

丹尼尔把书平放在桌面上，又把纸板架在了书上面，滑梯就这样造好了。

克里特：干得不错！现在，我要把磁铁塞在滑梯底下，然后，请它们帮忙识别硬币和铁。

一切准备就绪，丹尼尔把硬币和圆铁片同时立在纸板高的一头，手一松，它们就滚下了滑梯。

丹尼尔：哇，硬币很快就滚下来了，铁片却栽倒了，这是怎么回事？

克里特：因为铁片是铁做的，而硬币的主要成分是镍，镍虽然也是金属，但是磁性相当弱。

丹尼尔：所以铁片被埋伏在滑梯下面的磁铁吸引而绊了个跟头，硬币却闯关成功了。

克里特：聪明！其实自动售货机也是靠这样的方法把铁制的物品筛出来的。

科学小·揭秘

因为具有不易生锈、耐用等优点，不锈钢材料制成的锅碗瓢盆走进了千家万户。如果你有一块磁铁，赶快拿起它对着各种不锈钢器物吸一吸吧。这时，你会发现其中一部分竟然能被吸过来，而有些却没办法被吸过来。这是因为不锈钢是一种合成金属，不同的不锈钢制品中的主要成分各不相同。那种铬和镍含量较高的不锈钢制品磁性相当弱，基本不会引起磁铁的关注。

如此守规矩

早在1975年，美国学者在研究室"逮"住了一种细菌，这些细菌遇到磁铁竟然会凑过去。后来人们发现那种细菌体内隐藏着许多小磁铁，于是它们被命名为趋磁细菌。趋磁细菌无毒无害，能引导进入人体的药液直捣病灶，因而被应用到医疗卫生等领域。

曲别针荡起了秋千

克里特不在家，丹尼尔觉得很寂寞，除了看电视实在想不出还能做点什么。"哎，我好像听到了脚步声。"丹尼尔乐颠颠回头一看，果然是克里特回来了。"丹尼尔，我猜你的眼睛要歇歇，电视机也要歇歇了。"克里特一进家门便说。丹尼尔听话地走到电视机旁边，按下开关并拔下了插座上的插头。

克里特：丹尼尔，不要近距离、长时间地看电视，不然，电视机产生的电磁场，会对你的眼睛造成伤害。

丹尼尔：奇怪，电视机是用电的，它和磁有什么关系？

克里特：当然有关系。来，让我们做个小游戏来体验一下。

实验材料：一条长度约20厘米的细长锡纸条、5号电池一节、曲别针、双面胶。

克里特： 把曲别针串成一串，就像铁链子一样，你能办到吗？

当然了，丹尼尔很快就串了一串曲别针，总共有十多个。

克里特： 干得好，你看我在电池的尾巴上粘了一小块双面胶。

丹尼尔： 粘胶布干吗，难道你想要固定什么东西吗？

科学小·揭秘

看不见的磁场也有方向，你能准确判断它的方向吗？对直导线来说，用右手握住直导线，大拇指平伸并且指着电流的方向，这时候，你其余四根手指所指的方向恰巧与磁场的方向一致。

电磁大力士

你见过电磁起重机吗？它可以轻松地收集和搬运各种铁料，不论是大铁块还是细铁丝它都可以抓起就走，既不用装箱也不用打包。其实电磁起重机就是利用电能产生的磁场干活的，只不过一旦断电，它就彻底丧失了力气。

（鄂）新登字 02 号

图书在版编目（CIP）数据

电磁的魔力/纸上魔方编绘.
—武汉：湖北教育出版社，2017（2022.5 重印）
（科学令人如此开怀）
ISBN 978-7-5564-1134-4

Ⅰ.电…
Ⅱ.纸…
Ⅲ.电磁学-儿童读物
Ⅳ.0441-49

中国版本图书馆 CIP 数据核字（2016）第 220259 号

电磁的魔力　DIANCI DE MOLI

出 品 人	方　平			
责任编辑	杨　浩		责任校对	刘慧芳
装帧设计	牛　红　刘静文		责任督印	张遇春

出版发行	长江出版传媒	430070	武汉市雄楚大道 268 号
	湖北教育出版社	430070	武汉市雄楚大道 268 号
经　销	新 华 书 店		
网　址	http://www.hbedup.com		
印　刷	永清县晔盛亚胶印有限公司		
地　址	永清县工业区大良村西部		
开　本	710mm×1000mm　1/16		
印　张	7.5		
字　数	168 千字		
版　次	2017 年 1 月第 1 版		
印　次	2022 年 5 月第 4 次印刷		
书　号	ISBN 978-7-5564-1134-4		
定　价	22.50 元		